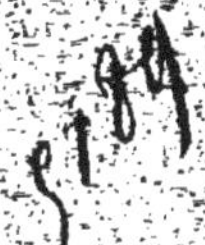

NOUVELLES RECHERCHES
SUR LA
RESPIRATION DES PLANTES.

MÉMOIRE
SUR
LES RELATIONS QUI EXISTENT ENTRE L'OXYGÈNE,
CONSOMMÉ PAR LE SPADICE DE L'ARUM ITALICUM EN ÉTAT DE PAROXYSME,
ET LA CHALEUR QUI SE PRODUIT.

MÉMOIRE
SUR UN PRINCIPE IMMÉDIAT NOUVEAU :
LA CORYCOLURNINE.
NOUVELLE ANALYSE DU BERGÉNIN.

PAR M. LE DOCTEUR L. GARREAU,
[illegible] à l'hôpital militaire de Lille, ancien professeur d'Histoire naturelle médicale, de Botanique et de Pharmacie.

PARIS,
IMPRIMÉ PAR HENRI ET CHARLES NOBLET,
RUE SAINT-DOMINIQUE, 56.

1852

NOUVELLES RECHERCHES

SUR

LA RESPIRATION DES PLANTES.

NOUVELLES RECHERCHES

SUR LA

RESPIRATION DES PLANTES.

MÉMOIRE

SUR

LES RELATIONS QUI EXISTENT ENTRE L'OXYGÈNE,
CONSOMMÉ PAR LE SPADICE DE L'ARUM ITALICUM EN ÉTAT DE PAROXYSME,
ET LA CHALEUR QUI SE PRODUIT.

MÉMOIRE

SUR UN PRINCIPE IMMÉDIAT NOUVEAU :

LA CORYCOLURNINE.

NOUVELLE ANALYSE DU BERGENIN.

PAR M. LE DOCTEUR L. GARREAU,

Pharmacien major à l'hôpital militaire de Lille, ancien professeur d'Histoire naturelle médicale, de Botanique et de Pharmacie.

PARIS,

IMPRIMÉ PAR HENRI ET CHARLES NOBLET,

RUE SAINT-DOMINIQUE, 56.

—

1852

NOUVELLES RECHERCHES

SUR

LA RESPIRATION DES PLANTES.

Dans le cours de mes premières recherches expérimentales sur l'absorption et l'exhalation des surfaces aériennes des plantes (*Ann. des scien. nat.*, 1850), j'avais fréquemment observé que les feuilles et les parties vertes des végétaux expirent, sous l'action directe des rayons solaires, des quantités très-notables d'acide carbonique. Ce fait, contraire en apparence au rôle physiologique qui leur est attribué comme agents de réduction, m'avait vivement frappé: il était d'autant plus digne de fixer l'attention, que c'est précisément sous l'influence directe du soleil que les feuilles et les jeunes pousses des plantes réduisent l'acide carbonique atmosphérique avec le plus d'activité pour en retenir le carbone.

De nouvelles recherches faites pendant l'arrière saison de l'année 1850 (*Ann. des scien. nat.*, 1851), tout en confirmant les résultats obtenus dans les premières, vinrent établir que l'expiration du gaz acide se fait également à l'ombre quand la température est assez élevée pour imprimer le mouvement au suc vital des végétaux. Mais ces dernières expériences, quoique nombreuses et variées, avaient toutes été exécutées vers la fin de l'été, et il restait à vérifier si l'âge des plantes et les saisons ne modifient pas l'expression des phénomènes physiologiques que j'avais observés. Tout ce qui rentre dans le domaine des fonctions vitales peut fléchir trop facilement sous l'influence de causes souvent peu appréciables, pour qu'il n'y ait pas obligation d'en faire l'étude dans les conditions et sous les modes d'expérimentation les plus variés. Aussi, est-ce dans l'espoir de me conformer à ce programme, que les nouvelles recherches qui font l'objet de ce mémoire ont été entreprises.

1° *De l'action des bourgeons sur l'air atmosphérique.*

Les bourgeons, comme les plantules, représentent les individus pris dans la période de leur existence où les matières protéiques vivantes sont, relativement, beaucoup plus abondantes qu'aux autres époques de leur vie. Il devenait donc intéressant de savoir si l'activité de leur respiration se trouverait avoir quelques rapports avec la quantité de leur matière animale.

Pour arriver à des résultats aussi précis que possible, toujours retrouvables et comparables entre eux, le degré de développement des bourgeons, leur poids à l'état frais et à l'état sec, ont été notés avec le plus grand soin; et le volume de l'atmosphère dans laquelle ils respiraient, ainsi que la température, maintenus, autant que possible, dans les mêmes termes pour toutes les expériences. Les bourgeons, cueillis parmi les plus beaux, en ménageant à leur base un faible disque du rameau qui les portait, étaient réunis en un petit faisceau, de telle manière que les petites portions des mérithalles ménagées, formassent un plan qui pût les amener à plonger toutes dans l'eau contenue dans un petit vase, sans immerger aucune partie du bourgeon. Ces précautions prises, le petit appareil était placé sous une cloche graduée, enduite intérieurement d'une solution concentrée d'hydrate potassique destinée à fixer l'acide à mesure de son expiration, et reposant sur une soucoupe garnie d'eau placée derrière la vitre d'une fenêtre bien éclairée, donnant jour à une chambre dont la température était maintenue de 15° à 16° cent., pendant les vingt-quatre heures que durait chaque expérience. Les bourgeons placés dans ces conditions ne souffraient nullement, et pendant le temps qu'ils passaient sous l'appareil, on les voyait épanouir leurs écailles, et les plus précoces, comme ceux des *ribes*, des *tilia*, des *staphilea*, doubler l'étendue de leurs petites feuilles sous-squammaires.

La diminution du volume de l'atmosphère était notée séparément le jour et la nuit, la température restant la même; cette diminution, à part la différence de niveau qui a été négligée comme insignifiante, exprimait, à très-peu de chose près, le volume de l'acide expiré; car j'avais eu soin, par deux expériences préalables, de constater que les bourgeons ne condensent que de faibles quantités d'air atmosphérique.

L'expérience terminée, ces petits organes, comme on les appelle, étaient séparés de la petite portion du mérithalle qui les supportait, pesés à l'état frais, soumis ensuite à la dessiccation pendant douze heures, à une température de 100°, puis pesés secs.

On peut voir, en consultant la table ci-jointe, que les bourgeons, à égalité de temps et de température, consument, en moyenne, une fois plus de carbone que les feuilles entièrement développées : aussi, est-ce dans ces parties et dans leur voisinage, que M. Dutrochet a pu constater de la manière la plus marquée la chaleur propre des plantes, et généraliser la découverte de leur paroxysme faite par M. Brongniart.

DÉSIGNATIONS.	DATES. MARS.	Température.	VOLUME de l'atmosphère.	Poids des bourgeons à l'état frais.	Poids des bourgeons à l'état sec.	Acide expiré après 24 heures.	OBSERVATIONS.
			c. c.	gr.	gr.	c. c.	
1° Syringa vulgaris, 12 bourgeons........	27	15°	600	9,0	2,00	70	18 c. c. d'acide carbonique ont été expirés le jour. Ces bourgeons ont étalé leurs petites feuilles pendant l'expérience.
2° Æsculus macrostachya, 5 bourgeons...	27	15°	600	7,0	0,85	45	12 c. c. d'acide carbonique ont été expirés le jour. Ces bourgeons avaient leurs feuilles étalées avant leur introduction dans l'appareil.
3° Sambucus nigra, 6 pousses	27	15°	600	10,0	1,75	60	10 c. c. d'acide carbonique ont été expirés le jour.
4° Ribes nigrum, 10 pousses...	27	15°	600	7,0	1,25	60	12 c. c. d'acide carbonique ont été expirés le jour. Les feuilles de ces pousses ont doublé d'étendue pendant l'expérience.
5° Evonymus latifolius, 10 bourgeons....	28	15°	700	5,6	1,15	44	14 c. c. d'acide ont été expirés le jour. Ces bourgeons avaient encore leurs écailles imbriquées après l'expérience.
6° Pavia rubra, 11 bourgeons.	28	15°	700	9,0	1,45	56	13 c. c. d'acide expirés le jour. Les écailles étaient encore serrées contre l'axe du bourgeon après l'expérience.
7° Staphilea pennata, 14 bourgeons......	28	15°	700	6,5	0,90	52	15 c. c. d'acide ont été expirés pendant le jour. Ces bourgeons étaient épanouis au sommet.
8° Lonicera alpigena, 15 pousses...	28	15°	700	5,3	1,00	49	15 c. c. d'acide ont été expirés le jour.
9° Corylus avellana, 10 bourgeons........	28	15°	700	5,6	1,50	58	18 c. c. d'acide expirés le jour. Ces bourgeons commençaient à s'épanouir.
10° Tilia europœa, 20 bourgeons.	31	15°	700	4,0	0,[illegible]	46	24 c. c. d'acide expirés le jour. Les feuilles commençaient à sortir des écailles.
11° Æsculus hypocastanum. 3 bourgeons.	29	14°	700	13,5	2,80	90	45 c. c. d'acide expirés le jour. Les écailles inférieures étaient étalées.
12° Æsculus macrostachya, 5 bourgeons..	29	14°	700	7,0	1,20	36	16 c. c. d'acide expirés le jour. Feuilles étalées.

En comparant les chiffres des trois dernières colonnes, on voit qu'en général les bourgeons expirent, dans les conditions sus-mentionnées, huit fois leur volume, ou environ, d'acide carbonique dans les vingt-quatre heures; que séchés à 110° ils perdent, en moyenne, les 3/4 de leur poids, perte qui représente leur eau de végétation, et qu'alors l'acide carbonique expiré est au volume de leurs matériaux solides, comme 40 est à 1, en admettant toutefois que, dans cet état, leur densité est la même que celle de l'eau, supposition qui approche, du reste, beaucoup de la vérité. Théodore de Saussure se contentait d'établir la relation en volume de l'acide carbonique expiré par les feuilles avec leur poids prises à l'état frais. Ce moyen, à notre avis, est très-insuffisant pour établir des relations précises, puisque les plantes, suivant l'époque du jour, les saisons, leur âge, les lieux où elles végètent, la température à laquelle elles ont été soumises, etc., contiennent des quantités assez variables d'eau de végétation. D'ailleurs, dès qu'il s'agit aussi de déterminer les rapports qui existent entre les matières protéiques et l'oxygène transformé par elles en gaz acide, toute comparaison serait illusoire si elle ne s'appuyait pas exclusivement sur le poids de l'organe desséché à une température uniforme pour toutes les expériences. Aussi, est-ce pour ces raisons, que les bourgeons sur lesquels ont porté les présentes recherches ont tous été desséchés à 100° pendant douze heures consécutives.

Ces premières recherches sur la respiration des bourgeons étaient à peine terminées, que la température baissa rapidement, et leur végétation demeura stationnaire jusqu'au 15 avril, époque à laquelle elle reprit une grande activité, la température, à l'ombre, s'étant élevée à 15° et 18°. Le 20 du même mois, tous les bourgeons des arbres précédemment examinés formaient autant de jeunes pousses, qui, à leur tour, furent cueillies et rangées en petits faisceaux de même poids que les bourgeons déjà mis en expérimentation, et placées sous les mêmes conditions, dans le petit appareil destiné à mesurer leur activité respiratoire. Les résultats ont été très-analogues, et quelquefois identiquement les mêmes que ceux des bourgeons, ce que l'on peut reconnaître en comparant les exemples numérotés de la table ci-dessous avec ceux des n^os^ correspondants de celle qui précède.

DÉSIGNATIONS.	DATES. AVRIL.	Température.	VOLUME de l'atmosphère.	Poids à l'état frais.	Poids à l'état sec.	Acide expiré après 24 heures.	OBSERVATIONS.
			c. c.	gr.	gr.	c. c.	
1° Syringa vulgaris, 6 pousses..........	18	15°	700	9,0	1,70	76	
2° Æsculus macrostachya, 4 pousses..	18	15°	700	7,0	1,10	45	
3° Sambucus nigra, 3 pousses..........	18	15°	700	10,0	1,90	62	
4° Ribes nigrum, 4 pousses..........	18	15°	700	7,0	1,40	61	
5° Evonymus latifolius, 8 pousses.....	18	15°	700	5,6	1,15	56	
6° Pavia rubra, 7 pousses................	18	15°	700	9,0	1,35	70	
7° Staphilea pennata, 13 pousses.........	18	15°	700	6,5	1,15	67	
8° Lonicera alpigena, 7 pousses..........	18	15°	700	5,3	1,10	50	
9° Corylus avellana, 8 pousses..........	20	16°	700	5,6	1,30	46	
10° Tilia europœa, 5 pousses...........	20	16°	700	4,0	0,70	33	
11° Tilia europœa, 5 pousses...........	20	16°	1,200	4,0	0,70	33	
12° Corylus avellana, 9 pousses..........	20	16°	700	5,6	1,30	46	

Si, au lieu de comparer les résultats partiels consignés dans cette table, on saisit la moyenne comme terme de comparaison, on arrive à des différences si minimes, qu'on ne peut leur prêter d'autre signification que celle-ci, à savoir : que les bourgeons et les jeunes pousses qui leur succèdent consument dans les mêmes conditions, et à égalité de poids, une quantité égale de carbone ; c'est-à-dire que leur activité respiratoire est la même. On a, en effet :

1re Table. 69 gr. bourgeons frais = 12 gr. 55. Bourgeons secs = 540 c. c. acide carbonique.

2e Table. 69 gr. jeunes pousses = 12 gr. 85. Jeunes pousses sèches = 566 c. c. acide carbonique.

2° *De la respiration des plantules.*

Les graines qui, comme les bourgeons, possèdent les organes fondamentaux rudimentaires des plantes qu'elles doivent développer, sont munies de fortes proportions de matières azotées vivantes. Aussi, pendant leur germination développent-elles, lorsqu'elles sont réunies en certaines masses, assez de calorique en consumant leur carbone, pour qu'il devienne sensible à l'aide des thermomètres les moins parfaits. Cette fonction, déjà si active au début de leur acte germinatif, s'accomplit avec plus d'intensité encore à l'époque où les graines sont dégagées de leur épisperme, et étalent leurs jeunes cotylédons pour requérir le contact plus complet de l'air qui les environne.

Pour mesurer l'activité respiratoire des plantules, j'ai, du 12 au 16 avril, fait des semis de graines dans du sable siliceux très-fin, humecté d'eau de pluie et placé dans des capsules de verre. Après germination, les épispermes ont été enlevés avec soin, et les petites capsules contenant les plantules en végétation ont été placées sous des cloches, comme précédemment. Après avoir mesuré avec soin la diminution du volume de l'atmosphère, les plantules furent recueillies avec leurs radicules, lavées sous un filet d'eau pour entraîner le sable qui leur adhérait, essuyées, pesées; puis, séchées et pesées de nouveau.

La table suivante indique à la fois les conditions dans lesquelles les expériences ont été faites, et les résultats qu'elles ont donné.

Semis du 7 avril.

DÉSIGNATIONS.	DATES.	Température.	Poids à l'état frais.	Poids à l'état sec.	Acide expiré après 24 heures.	OBSERVATIONS.
			gr.	gr.	c. c.	
Lactuca sativa.......	12	16	4,5	0,40	33	A été placée dans l'appareil trois jours après la germination.
Valerianella olitoria..	16	Id.	4,0	0,20	25	Introduite dans l'appareil quatre jours après la germination.
Papaver somniferum.	13	Id.	5,8	0,45	55	Introduite dans l'appareil trois jours après la germination.
Sinapis nigra........	12	Id.	8,5	0,55	32	Id.
Lepidium sativum...	12	Id.	2,5	0,25	12	Id.
			25,3	1,85	157	

En comparant le volume de l'acide produit avec celui des plantules contenant leur eau de végétation, on voit qu'il est dans les rapports de 6 à 1, ou environ. Mais si la comparaison porte sur le poids de la matière organique séchée à 110°, on remarque qu'en réalité elles consument, dans le même espace de temps et dans les mêmes conditions, une quantité de carbone bien supérieure à celle consumée par les bourgeons : fait que l'on aurait pu prévoir, puisque les graines, dans la période de leur évolution germinative, se dépouillent d'un épisperme très-pauvre en matière animale, et augmentent ainsi, d'une manière relative, leur substance azotée vivante, siége de l'acte respiratoire. Dans un mémoire qui a précédé celui-ci (*Mém. de méd., chirurg. et pharm. mi-*

lit., t. VII, 2e série), j'ai donné de nombreuses preuves, que les faits nouveaux que je relate viennent, comme on le voit, augmenter encore. Aujourd'hui, comme alors, on pourra remarquer, en consultant les résultats analytiques qui vont suivre, que l'azote organique contenu dans les bourgeons, les plantules et les feuilles, se montre d'autant plus abondant que leur activité respiratoire est plus marquée ; ou, en d'autres termes, qu'ils consument, étant placés dans les mêmes conditions, plus de carbone dans un temps donné.

Comme il convient de s'appuyer toujours sur des faits aussi précis qu'on peut les produire, j'ai eu soin de faire tous les dosages d'après le procédé de MM. Warentrapp et Will, et de les répéter avec celui non moins précis et plus commode de M. Millon.

DÉSIGNATIONS.	Poids à l'état frais.	Poids à l'état sec.	Acide expiré après 24 heures.	Azote obtenu en volume.	Azote en centièmes.	Matière protéique représentée par l'azote trouvé.
	gr.	gr	c. c.	c. c		
Syringa vulgaris.						
Feuilles aux 3/2 accrues.	9,0	2,2	50	39,3	2,27	15,14
Bourgeons.............	10,0	2,2	88	83,6	4,76	31,74
Fraxinus excelsior.						
Feuilles (septembre)....	8,5	2,2	40	38,0	2,18	14,54
Bourgeons.............	11,5	2,2	77	81,0	4,63	30,88
Staphilea pennata.						
Feuilles (fin septembre).	9,0	2,2	40	57,2	3,26	21,74
Bourgeons.............	15,6	2,2	127	101,2	5,76	38,41
Tilia europœa.						
Feuilles (septembre)....	10,4	2,2	68	57,0	3,22	21,47
Bourgeons	12,6	2,2	140	100,0	5,72	38,15
Plantules.						
Lactuca sativa......... Valerianella olitoria.... Papaver somniferum... Sinapis nigra..........	30,0	2,2	168	110,0	6,27	41,82

Ces résultats sont si je ne me trompe, assez significatifs pour que je m'abstienne de les faire ressortir; seulement, je ferai remarquer que la matière animale des bourgeons, et surtout celle des plantules, est beaucoup plus abondante qu'on aurait pu se l'imaginer, puisqu'elle s'élève, dans les exemples cités, jusqu'à 30 et 40 pour 100. Cependant, il se pourrait que quelque principe immédiat, inconnu et étranger aux matières protéiques, eût fourni, pour quelques-uns, de l'azote qui a servi à évaluer ces dernières. Mais, tout en admettant la possibilité de ce fait, je dois ajouter que les résultats sont assez constants pour conclure que son existence est peu vraisemblable. D'ailleurs, dans le cas contraire, les matières azotées non organisées existent, en général, en quantité si minime dans les plantes, qu'elles ne sauraient altérer, d'une manière bien marquée, les évaluations qui viennent d'être faites.

3° *Expiration de l'acide carbonique par les feuilles sous l'influence des rayons solaires.*

De tous les faits relatifs à la respiration des parties vertes des plantes, celui de l'expiration de l'acide carbonique par les feuilles sous l'action des rayons solaires est, sans contredit, le plus curieux et le plus digne de fixer l'attention des physiologistes. En effet, organes réducteurs par excellence, c'est sous l'influence du soleil qu'on a pu établir de la manière la plus marquée leur action sur l'acide carbonique pour en éliminer l'oxygène et en retenir le carbone; et c'est précisément sous la même influence que je constatais, dès 1849 (*Annales des scienc. natur.*), l'élimination d'une partie de leur carbone sous forme de gaz acide. Depuis cette époque, j'ai recherché l'influence de la température, de l'ombre et des temps sombres sur la respiration diurne de ces organes, en négligeant l'influence directe du soleil, me réservant d'y revenir.

Cette dernière et importante question a été, de ma

part, l'objet de recherches suivies et variées durant cette année, et je dois me hâter d'en publier les principaux résultats, en indiquant succinctement la marche qui a été suivie pour les obtenir, afin de mettre les botanistes à même de les constater.

Les moyens d'expérimentation étaient très-simples; ils consistaient à faire respirer les jeunes rameaux verts et feuillés, tenant aux plantes en pleine terre, dans l'atmosphère limitée, mais assez spacieuse, d'un flacon garni dans son fond d'une solution de baryte. L'appareil était composé d'un flacon à goulot renversé de 6,000 c. c. de capacité, dont le col, assez large pour permettre l'introduction d'un rameau feuillé sans le froisser, recevait un bouchon muni d'une cannelure dans laquelle l'axe du rameau était fixé lors de la fermeture du vase. Ce bouchon, exempt de pores, portait à son centre un tube droit fermé d'un bouchon, et un tube de sûreté destiné, d'une part, à introduire la base dissoute destinée à la fixation de l'acide carbonique, et, de l'autre, à empêcher la raréfaction de l'air occasionnée par la formation du gaz acide et sa fixation.

La base employée était l'eau de baryte saturée; je l'ai préférée à l'eau de chaux, parce que son carbonate est plus insoluble. Cependant, je dois prévenir que l'acide carbonique qui a été recueilli et dosé par ce moyen ne représente certainement pas encore tout celui qui a pu être fixé; car j'ai constaté, par des essais répétés, que le carbonate barytique se dissout encore en proportion assez notable dans un excès de base (1). Dans toutes les expériences qui ont été faites d'après ce procédé, les parties herbacées soumises à l'épreuve étaient toujours fraîches et vigoureuses, et rarement leur volume dépassait 1/300 de celui de l'atmosphère confinée dans laquelle elles respiraient. Après six heures d'exposition au soleil, le rameau

(1) On pourrait arriver à des résultats plus précis en employant l'eau de baryte saturée de carbonate.

était détaché de la plante, et l'eau de baryte agitée de façon à fixer les dernières portions de gaz acide mêlées à l'atmosphère. Cette eau, chargée de carbonate en suspension, était ensuite recueillie dans un entonnoir fermé et à robinet, et le dépôt formé introduit dans un tube gradué et décomposé sur le mercure à l'aide de fragments d'acide citrique. Ce dernier acide a été préféré au tartrique, parce qu'il forme un sel soluble, et dès lors agit plus efficacement sur le carbonate.

La table qui suit indique les conditions dans lesquelles les plantes ont été placées, et le volume de l'acide qui a été recueilli, mais qui, je le répète, ne représente pas la totalité de celui qui a été fixé.

DATES.	DÉSIGNATIONS.	Poids.	Température à l'ombre.	Volume de l'atmosphère.	Eau de baryte.	Durée de l'expérience.	Acide expiré.	OBSERVATIONS.
		gr.		c. c.	gr.	h.	c. c.	
24 août.	Fagopyrum cymosum	15	25°	6,000	100	12	30	6 heur. au soleil.
25 août.	Ficus carica..........	30	24°	Id.	Id.	12	24	Id.
4 août.	Asclepias syriaca....	26	22°	Id.	Id.	12	36	Id.
3 août.	Glycyrrhiza echinata.	10	22°	Id.	Id.	6	8	3 heur. au soleil.
29 juill.	Kitaibelia vitifolia...	19	20	Id.	Id.	3	16	Id.
29 juill.	Syringa vulgaris.....	19	20	Id.	Id.	3	10	Id.

Le fait de l'expiration de l'acide carbonique sous l'influence des rayons solaires à une certaine température n'étant pas douteux, il faut cependant bien admettre qu'il existe dans les jeunes pousses et les feuilles deux actions simultanées et inverses, l'une comburante, l'autre réductrice, et que l'accumulation du carbone dans les plantes ne peut s'expliquer que par la prédominance de la seconde sur la première. Mais, comme dans les sciences d'observations il n'est pas permis de s'arrêter à des suppositions, aussi fondées qu'elles soient, je devais entreprendre de nouvelles recherches pour élucider ce sujet important. Elles ont été faciles. Voici d'abord la pensée qui me les a suggérées : Si les plantes, comme il est naturel de le conclure d'après les faits relatés, expirent de l'acide carbonique dans le même temps qu'elles le réduisent, elles doivent agir incessamment sur celui qu'elles versent dans une atmosphère limitée pour le réduire. En conséquence, deux jeunes pousses feuillées de la même plante, de même âge et de même poids, étant placées dans deux atmosphères égales, l'une garnie d'eau de baryte et l'autre en étant privée, il arrivera que le vase dans lequel la première aura respiré contiendra plus d'acide carbonique que celui de la deuxième, puisque le gaz doit être fixé en certaine proportion à mesure qu'il est expiré, et échapper ainsi, en partie, à l'action réductrice des feuilles.

Voici les résultats précis obtenus d'après ce mode d'investigation, avec l'indication des conditions variées sous lesquelles ils se sont produits.

Expériences qui démontrent que l'acide carbonique expiré est réduit, pendant le jour, à mesure qu'il s'échappe de la plante alors qu'elle respire dans une atmosphère limitée.

	DÉSIGNATIONS.	DATES.	Poids de la plante.	Atmosphère avec ou sans eau de baryte.	Température.	Durée de l'expérience.	Acide expiré.	OBSERVATIONS.
			gr.			heu-res.	c. c.	
1 2	Kitalbelia vitifolia.	30 juill.	21 21	Sans. Avec.	18°	10 à 4	0 12	Temps pluvieux, avec quelques rayons de soleil.
1 2	Rhus radicans.....	31 juill.	25 25	Sans. Avec.	19°	11 à 5	0 11	Temps humide un peu sombre.
1 2	Fraxinus excelsior..	1er août.	15 15	Sans. Avec.	18°	11 à 3	0 6	Pas de soleil, un peu sombre. Pluie.
1 2	Acer eriocarpon....	1er août.	30 29	Sans. Avec.	19	12 à 6	24 41	Pas de soleil, un peu sombre.
1 2	Syringa vulgaris....	4 août.	15 15	Sans. Avec.	18°	12 à 6	0 6	Trois heures d'un beau soleil.
1 2	Glycyrrhiza echinata	7 août.	10 10	Sans. Avec.	22°	12 à 6	0 8	Quatre heur. d'un beau soleil.
1 2	Asclepias syriaca...	5 août.	26 26	Sans. Avec.	23°	7 à 7	7 37	Six heures d'exposition à un très-beau soleil.
1 2	Fagopyrum cymosum..................	6 août.	15 18	Sans. Avec.	25°	7 à 7	9 30	Id.
1 2	Ficus carica..........	6 août.	30 30	Sans. Avec.	24°	9 à 6	9 24	Id.

Ces expériences, faites avec le plus grand soin, démontrent, avec toute l'évidence possible, que non-seulement l'acide carbonique expiré, pendant l'exposition de la plante au soleil, se trouve réduit, en grande partie, sous l'influence de cet astre, mais qu'il l'est encore à l'ombre, même sous un ciel sombre; dernière observation qui peut expliquer la croissance, souvent rapide, des plantes annuelles pendant les longues suites de journées sombres et pluvieuses sous le climat de Lille. Je dois ajouter que ces expériences ont été faites dans l'appareil déjà décrit, et que la recherche du gaz acide dans les exemples chiffrés n° 1 a été faite à l'aide de l'eau de baryte ajoutée par le tube de sûreté immédiatement après l'échéance du terme fixé par l'expérience. Est-il besoin de dire que l'acide constaté dans les exemples chiffrés n° 2 ne représente qu'une partie de l'acide réellement expiré, l'autre ayant été réduite par les feuilles qui présentaient une surface beaucoup plus étendue que celle de l'eau de baryte garnissant le fond du vase?

Une remarque est encore à faire: c'est que les expériences qui ont été faites au soleil, par une température assez élevée, donnent aussi un chiffre plus élevé en acide carbonique. Les exmples ci-dessous relatés semblent lever tout doute à cet égard.

DÉSIGNATIONS	DATES.	Poids.	Température à l'ombre.	Atmosphère avec ou sans eau de baryte.	Durée de l'expérience.	Acide expiré.	OBSERVATIONS.
		gr.			heur.	c.c.	
Fagopyrum cymosum.	15 août.	15	26	Sans.	7 à 7	42	1° Six heures au soleil.
		15	26	Avec.	7 à 7	66	2° Six heures au soleil.
		15	26	Avec.	7 à 7	120	3° L'appareil a été privé du contact de la lumière pendant l'expérience.
Rhus coriaria. . .	13 août.	"	26	Avec.	12 à 6	25	Cette expérience a été faite à l'ombre.

L'influence de la température sur la respiration des plantes n'est pas douteuse, puisque le *fagopirum cymosum*, placé dans l'obscurité, a expiré, à une température que je crois pouvoir évaluer à 35° centigrades, ne l'ayant pas mesurée, une fois plus d'acide carbonique que lorsqu'il respire à la température ordinaire des nuits d'été. Mais les quatre exemples cités et variés à dessein ne doivent pas seulement servir à constater l'action stimulante du calorique sur la respiration des plantes; ils peuvent à la rigueur, les trois premiers au moins, qui fonctionnaient ensemble, aider à déterminer la quantité d'acide carbonique qui a été réduite. En effet, puisque nous avons constaté que l'acide expiré dans l'atmosphère de la plante confinée dans l'appareil était réduit en tout ou en partie, il est naturel d'admettre que les trois *fagopyrum* de même poids, et soumis pendant le même laps de temps à la même température, ont respiré de la même manière, c'est-à-dire que tous ont, probablement, produit 120 centimètres cubes de gaz acide, dont 78 centimètres cubes ont été réduits par le n° 1, et 54 seulement par le second : la différence de 24 centimètres cubes en moins serait due à l'intervention de l'eau de baryte. Cependant, tout en présentant cette hypothèse, je n'entends nullement la donner comme l'expression d'une opinion franchement arrêtée; car il pourrait se faire qu'à l'obscurité tout l'acide, produit de l'acte respiratoire, fût rejeté au dehors, tandis que, sous l'influence de la lumière directe ou indirecte, une partie de cet acide fût réduit dans le parenchyme de l'organe. J'inclinerais d'autant plus à croire qu'il en est souvent ainsi, que dans certains cas il m'est arrivé de ne constater que des quantités minimes d'acide échappé à la réduction. Les moyens d'investigation mis en usage pour constater la réduction de l'acide expiré pendant le jour peuvent être mis en pratique pour rechercher si ce gaz n'est pas réduit pendant les soirées et les longues matinées des nuits d'été. Des essais entrepris dans ce sens ont donné des résultats que j'expose ici, sans leur accorder d'importance; car ils sont assez peu nombreux et trop peu saillants pour avoir une signification marquée.

Expériences qui tendent à démontrer que l'acide carbonique expiré est en partie réduit pendant les soirées et les matinées des nuits d'été.

DATES.	DÉSIGNATIONS.	Poids.	Température.	Atmosphère avec ou sans eau de baryte.	Durée de l'expérience.	Acide expiré.	OBSERVATIONS.
		gr.				c.c.	
3 août.	Fagopyrum cymosum	25 25	15°	sans. avec.	7 h. soir à 7 h. m.	42 52	Nuit belle, avec clair de lune.
9 août.	Fagopyrum cymosum	15 14	15°	sans. avec.	Id.	42 48	Ciel un peu couvert.
14 août.	Fagopyrum cymosum	21 18	16°	sans. avec.	8 h. soir à 8 h. m.	70 58	Ciel couvert.
31 juill.	Fagopyrum cymosum	27 24	15°	sans. avec.	Id.	42 46	Nuit belle.
1er août.	Acer eriocarpon.	18 18	14°	sans. avec	7 h. soir à 7 h. m.	56 60	
2 août.	Staphilea trifoliata	8 8	15°	sans. avec.	Id.	6 9	
2 août.	Gleditschia triacanthos.	8 8	15°	sans. avec.	Id.	15 19	
2 août.	Rhus radicans	24 23	15°	sans. avec.	8 h. soir à 8 h. m.	35 40	

La réduction du gaz acide étant beaucoup moins intense à l'ombre qu'au soleil, il devenait curieux d'observer si la lumière diffuse occasionnée par l'éclipse du 28 juillet aurait pour résultat de laisser une proportion d'acide non décomposé plus grande que dans l'atmosphère des plantes. A cet effet, quatre appareils ont été dressés au moment où la lune endommageait le disque du soleil, et examinés immédiatement après qu'elle eut cessé de l'affecter. Pendant trois heures que dura l'expérience, les faibles rayons qui s'échappaient de l'astre ont été presque constamment mais faiblement voilés par des nuages.

Voici les résultats de cette observation :

DÉSIGNATIONS DES PLANTES.	POIDS.	Acide expiré.	OBSERVATIONS.
1. Fagopyrum cymosum	22 gr.	7 c. c. 5	La température moyenne a été de 19° 5 centigrades.
2. Fagopyrum cymosum	22	7 5	
3. Syringa vulgaris (deux jeunes pousses).	22	8 0	
4. Kitaibelia vitifolia.	22	10 0	

Pour la compléter, le lendemain, aux heures correspondantes à celles de l'éclipse, les quatre appareils ont reçu chacun un échantillon de même espèce que dans l'expérience précédente. Le ciel était pur : la température moyenne, prise à l'ombre, s'est élevée à 2° de plus que la veille.

DÉSIGNATIONS DES PLANTES.	POIDS.	Acide expiré.	OBSERVATIONS.
1. Fagopyrum cymosum.	21 gr.	10 c. c.	A l'ombre.
2. Fagopyrum cymosum.	21	10	A l'ombre.
3. Syringa vulgaris (deux jeunes pousses).	19	10	2 heures de soleil.
4. Kitaibelia vitifolia.	19	16	Id.

D'après ces nouvelles données, il est permis de supposer que l'éclipse du 28 juillet n'a pas eu d'influence bien sensible sur la respiration des plantes, et que la différence en moins en acide carbonique constatée après sa durée doit être uniquement attribuée à l'abaissement de la température dû à l'interception d'une grande partie des rayons solaires, puisque les expériences du lendemain ont fourni des résultats d'autant plus marqués, que les sujets qui en ont été l'objet se trouvaient soumis à une température plus élevée. Cependant, il est supposable que, à égalité de température, l'acide expiré eût été plus abondant à la lumière diffuse de l'éclipse, puisque l'on sait que la réduction du gaz acide est déjà beaucoup moins intense à la lumière ordinaire du jour qu'au soleil.

D'après les exemples consignés dans ce mémoire et dans celui qui l'a précédé, si l'on se demande comment le fait de l'expiration diurne de l'acide carbonique par les feuilles a pu échapper aux recherches si habilement exécutées par Théodore Saussure, il est permis de supposer que, exclusivement préoccupé de la solution qu'il entrevoyait, la réduction de l'acide carbonique atmosphérique par les feuilles, sous l'influence des rayons solaires, il a voulu négliger les faits en apparence contraires, pour laisser plus de poids à ses conclusions, en tous cas, rigoureusement vraies. On serait surtout fondé à s'arrêter à cette idée, quand il signale la raquette (*Rech.*, p. 89) et les feuilles du prunier de reine-claude, comme ayant expiré de l'acide carbonique au soleil; et enfin quand il dit, à propos de la réduction de ce gaz (*Rech.*, p. 91.): « Les effets contraires sont trop petits pour pouvoir être très-exactement comparés dans leurs quantités respectives; mais les résultats généraux ne peuvent être révoqués en doute. » On voit donc que les faits que je signale auraient pu germer dans les mains de cet habile expérimentateur, s'il n'avait été exclusivement préoccupé de ceux qui leur sont diamétralement opposés. Cela dit, et l'expiration diurne de l'acide carbonique par les feuilles, sous l'influence directe du soleil, établie, il devient évident que l'on peut supposer, sans être téméraire, que le fait de l'accumulation du carbone dans les plantes doit, en présence de deux actions simultanées et inverses, réduction et combustion, s'expliquer par la prédominance de l'effet de la première sur celui de la seconde. Mais dans les sciences, quand on se livre à l'appréciation de phénomènes nouveaux qui froissent, en apparence, des idées assises sur des faits antérieurs et bien constatés, une supposition, aussi logique qu'elle soit, ne suffit plus; et, pour lui donner le caractère d'un fait matériel, j'ai fait les expériences suivantes: J'ai introduit en le courbant, dans l'appareil déjà décrit, le sommet d'une jeune tige verte et feuillée, parfaitement saine et vivace de *fagopyrum cymosum;* cette sommité, pesée après l'expérience, était de 15 grammes. Après avoir luté l'appareil avec le plus grand soin, et m'être assuré qu'il ne perdait pas, une petite vessie de caoutchouc, garnie d'un robinet et contenant 200 cent. cub. d'acide carbonique, a été fixée au tube droit, placé près du tube de sûreté, et le robinet ouvert afin de faire communiquer l'acide qu'elle contenait avec l'air du flacon. Après six heures d'exposition au soleil, l'air du flacon et de la vessie analysé ne contenait plus que 75 cent. cub. de gaz acide. Pendant que cette expérience avait lieu, une autre cyme de la même plante, partant de la même souche, de même poids, et très-approximativement de même surface, respirait dans un deuxième appareil, en présence de l'eau de baryte qui fixa 11 cent. cub. de l'acide expiré.

Il restait à savoir si l'atmosphère, par un temps calme, est capable, par son acide carbonique, de subvenir aux besoins de la plante, malgré la perte de carbone qu'elle fait la nuit et le jour.

Pour cela, de l'eau saturée de baryte, présentant une surface de 300 centimètres carrés, a été exposée à l'air libre, au soleil, par un temps calme, et, au bout d'une heure, la pellicule formée donna, par sa décomposition à l'aide de l'acide citrique, 15 cent. cub. d'acide carbonique, soit 180 cent. cub. pour 12 heures de jour. Or, les 15 grammes de *fagopyrum* formaient une cyme de 5 à 6 feuilles présentant une surface cinq fois plus grande que celle qu'offrait l'eau de baryte ; ils reçoivent donc, au minimum, le contact immédiat de 900 centimètres cubes d'acide carbonique pendant douze heures de jour; quantité 40 à 45 fois plus grande que l'acide qui aurait pu échapper à la réduction pendant l'expiration. D'ailleurs, l'expiration du gaz acide par les feuilles n'atteint un chiffre réellement élevé que quand la température, à l'ombre, dépasse 18° ou 20°; au-dessous de ce terme, elle décroît, en général, comme la réduction dont elle semble destinée en partie à corriger les effets obstruents.

Le fait de deux actions simultanées et inverses, réduction et combustion, étant établi, il faut admettre que la respiration chez les plantes ne doit plus avoir aujourd'hui exactement la même signification, puisque le dernier de ces faits établit que, le jour comme la nuit, elles possèdent une respiration animale constante, respiration dont les effets sont seulement plus ou moins voilés pendant le jour par une action inverse. C'est pour cette raison que, dès 1849 (*Annales des sciences naturelles*, 1850), j'inclinais à croire que ce que l'on a nommé la respiration des feuilles se compose de deux fonctions distinctes.

La plante réduit l'eau et fixe son hydrogène ; elle décompose l'ammoniaque et fixe de l'azote ; elle ramène le sesquioxyde de fer en solution à l'état de protoxyde, et réduit l'acide carbonique qu'elle puise dans le sol, celui qui se forme dans son sein comme celui qu'elle puise dans l'atmosphère. Tous ces actes semblables doivent dépendre plus spécialement des fonctions nutritives, assimilatrices; tandis que celui qui consiste à consumer du carbone et peut-être d'autres éléments des plantes, source principale de leur chaleur vitale, doit rentrer d'une manière plus spéciale dans le domaine des fonctions respiratoires.

J'aurais pu me dispenser, peut-être, d'émettre une opinion à ce sujet, puisque le lecteur peut lui-même s'en faire une par la simple comparaison des résultats consignés dans le 6e tableau; mais j'ai pensé qu'une expression franche de ma pensée était le meilleur moyen de donner prise à la contradiction, dont les résultats sont presque toujours favorables au progrès de la science.

D'après les faits énoncés, la respiration des plantes ne différerait pas, du moins en apparence, et eu égard à ses résultats les plus appréciables, de celle des animaux ; et, au lieu de présenter des phénomènes divers dans les fleurs, les champignons, les feuilles, etc., ils se trouvent être partout les mêmes, combustion de carbone et production de chaleur, qui, à elles seules, pourraient, là où l'action réductrice ne laisse échapper que de faibles quantités de l'acide produit par l'acte respiratoire, faire préjuger de l'intensité de cette fonction. A notre avis, l'existence d'une respiration animale, nocturne et diurne, dans les plantes, ne doit pas surpendre, les faits relatés dans le mémoire qui a précédé celui-ci étant propres à rappeler que les matières dont les propriétés vitales sont le plus manifestes chez ces êtres sont de nature animale et vivantes ; on pourrait ajouter qu'elles deviennent, à certaines époques de la vie de quelques plantes, de véritables animaux.

1° Que l'on examine, en effet, les animalcules des anthéridies des chara, des nitella, des fougères, des mousses, des presles, des hépatiques, etc., suivis dans leurs développements et décrits avec tant de soin, dans leurs formes et leurs propriétés vitales, par M. G. Thuret, et, après ou avec lui, par MM. Nægcli-Suminski, Wigand, Derbès et Sollier, et l'on verra si l'animalité de ces êtres est douteuse, et si leur origine, comme prenant sa source dans la métamorphose ou le développement des matières protéiques vivantes des cellules, est contestable. Je les ai, pour mon compte, observés dans les *chara*, le *nitella flexilis*, le *marchantia polymorpha*, et l'animalité de ces êtres est si peu douteuse que, je ne crains pas de dire, tout en respectant l'opinion de M. Siebold qui la nie, que ses observations ont dû être faites en temps inopportun (1).

2° Que l'on contemple les mouvements spontanés des zoospores, signalés par Meyen, et dont l'organisation a été décrite d'abord par Unger, dans le *vaucheria clavata*, puis dans d'autres espèces par MM. Decaisne

(1) A propos de ces êtres, je crois devoir signaler une particularité dans les tentacules des animalcules des *chara*, qui consiste en ce qu'elles sont retractiles, et présentent, quand l'animalcule a été tué à l'aide du vinaigre, de petites granulations ou nodosités régulièrement espacées.

et G. Thuret, et enfin étudiée avec un soin admirable par le dernier de ces honorables savants dans un grand nombre d'espèces, tant sous le point de vue de leur organisation que sous celui de leurs propriétés vitales (*Annales des sciences nat.*, 1850), et l'on conviendra alors que si la matière azotée vivante, qui se meut dans l'intérieur des cellules des plantes, n'a pas l'organisation déterminée d'un animal, comme celle qu'elle atteint dans les animalcules des anthéridies et les zoospores, il existe entre elles un certain degré de parenté.

Mais, ce qu'il y a de plus remarquable dans le sujet qui nous occupe, c'est que les zoospores actuellement vivants, mouvants et privés d'enveloppe cellulaire, ne tardent pas, après s'être fixés en un point, à s'envelopper d'une cellule qu'ils sécrètent; et, morte pour nous sous ce voile qui la dérobe à nos regards, leur substance vit encore, en secret, puisqu'elle élabore une plante qui les ressuscite. Cercle curieux, bien digne de fixer au plus haut degré l'attention des micrographes et des physiologistes, en ce qu'il peut éclairer les recherches propres à nous révéler la véritable nature des plantes.

Il existe, à vrai dire, de très-grandes différences entre les algues et l'immense majorité des autres végétaux; mais ce n'est ni dans la forme, ni dans les fonctions accessoires qu'il faut chercher des rapprochements, mais dans les mouvements et dans les principales fonctions de leurs matières azotées.

Conclusions.

De l'ensemble des faits qui viennent d'être relatés, il est permis de conclure:

1° Que les bourgeons, en respirant, consument plus de carbone que les feuilles, et les plantules plus que les bourgeons, et que l'acide expiré est d'autant plus abondant, que ces organes, à égalité de poids et de surface, contiennent plus de matières protéiques vivantes;

2° Que les feuilles, pendant le jour, au soleil et à l'ombre, expirent de l'acide carbonique, et que ce dernier se montre en quantité d'autant plus notable, que la température est plus élevée;

3° Que l'acide trouvé dans l'appareil ne représente pas, à beaucoup près, celui qui a été expiré, la majeure partie étant réduite à mesure de l'expiration;

4° Qu'il existe dans les feuilles, à l'ombre ou au soleil, deux actions simultanées et inverses, l'une comburante, l'autre réductrice, et que c'est à la prédominance de l'effet de la seconde sur celui de la première, qu'est due l'accumulation du carbone dans les plantes;

5° Qu'en raison de la simultanéité de ces deux actes opposés, on doit considérer le premier comme constituant la respiration des plantes, et le second comme faisant partie des fonctions plus facilement nutritives.

MÉMOIRE

SUR

LES RELATIONS QUI EXISTENT ENTRE L'OXYGÈNE CONSOMMÉ PAR LE SPADICE DE L'ARUM ITALICUM EN ÉTAT DE PAROXYSME, ET LA CHALEUR QUI SE PRODUIT ;

Dès l'année 1777, de Lamark avait constaté que le spadice de l'*Arum italicum* possède, à l'époque où la spathe commence à s'épanouir, un degré de chaleur bien supérieur à celui de l'atmosphère. Gmelin et Schweykest firent plus tard la même observation, et Senebier fut le premier qui mesura, à l'aide du thermomètre, la chaleur du spadice d'une autre aroïdée (l'*Arum maculatum*), dont le maximum atteignit 8°,6 centigr. au-dessus de l'air ambiant. Depuis, Hubert constata, à l'île Bourbon, que le spadice du *Colocasia odora*, au moment de l'épanouissement de sa spathe, élevait quelquefois la colonne thermométrique à 25° au-dessus de celui qu'elle marquait avant l'expérience. M. Schultz, de Berlin, trouva la chaleur du *Caladium pinnatifidum* de 5° au-dessus de celle de l'atmosphère ; M. Gœppert vit celle du spadice de l'*Arum dracunculus* s'élever à 17°,5 ; et M. Adolphe Brongniart, en 1834, la trouva de 11° dans celui du *Colocasia odora* cultivé sous le climat de Paris. Mais la simple constatation du plus haut degré que la chaleur peut atteindre dans le spadice de cette plante, ne pouvait suffire à cet habile observateur ; il étudia successivement les phases par lesquelles elle passe pendant plusieurs jours de suite, et découvrit que cette chaleur vitale était soumise à une sorte de fièvre quotidienne, qui présenta son paroxysme dans la soirée des quatre premiers jours et dans la matinée des deux derniers. Cette importante découverte, bientôt confirmée par les recherches thermo-électriques de MM. Vanbeck et Bergsma, ne tarda pas à être généralisée entre les mains d'un habile expérimentateur, M. Dutrochet.

Je dois ajouter que M. Ad. Brongniart a constaté, en outre, que la chaleur du spadice du *Colocasia* va en augmentant à partir de la base où siègent les fleurs femelles, vers son sommet renflé en massue; graduation que M. Dutrochet a constatée depuis dans le spadice de l'*Arum maculatum*, à l'aide du thermomultiplicateur.

Jusqu'ici, très-peu de botanistes se sont occupés de la relation qui existe entre cette chaleur et l'air atmosphérique. Hubert avait reconnu que le contact de l'air était indispensable pour qu'elle se manifestât, et qu'elle cessait subitement lorsqu'il enduisait le spadice du *Colocasia* d'huile ou de miel; il s'aperçut aussi qu'il viciait rapidement l'air atmosphérique, puisqu'il asphyxiait de petits oiseaux sous des cloches où le spadice de cette aroïdée avait respiré. Théodore de Saussure savait aussi que l'action de l'air sur les plantes ne se borne pas seulement à décarboniser leur fluide nutritif en formant de l'acide carbonique, mais qu'il sert encore à produire un dégagement de calorique : « car, dit-il (*Rech. chim.*, p. 133), ce dégagement est un résultat nécessaire de cette combinaison; s'il échappe le plus souvent à nos observations, c'est par sa petite quantité et parce qu'il est opposé à l'effet de l'évaporation. » Enfin, dans trois publications (*Annales des sciences natur.*, 1835-1839-1840), MM. Vrolick et Devriese, en confirmant les observations d'Hubert et de M. Ad. Brongniart sur le *Colocasia*, crurent reconnaître, en faisant respirer le spadice de cette plante dans le gaz oxygène pur et dans l'air (*Annales*, 1840), que la chaleur dégagée était le résultat d'une sorte de combustion, car ils disent (loc. cit., p. 361) : « Nous ne sommes pas éloignés de cette conclusion, car, lorsque le dégagement de la chaleur est le plus fort, ce qui a lieu vers le milieu du jour, le changement que subit l'air dans le cylindre est aussi le plus sensible, ainsi qu'il nous a apparu par une expérience faite toute exprès le 27 juin. » Ainsi, on le voit, si les auteurs, en raison de leur expérience unique, mettent une certaine réserve dans leur conclusion, leur opinion est, cependant, qu'il doit exister une relation entre la chaleur dégagée et l'oxygène consommé.

Tel était l'état de la question au sujet du rapport qui existe entre la chaleur vitale des plantes et l'air atmosphérique, quand, dans les premiers jours de juin 1851, je résolus de m'en occuper pour éclaircir quelques points relatifs à ce sujet, que j'avais abordé incidemment dans mon premier mémoire sur la respiration des plantes (*Mém. de méd., chir. et phar. milit.*, 1851). J'avais à ma disposition, au jardin botanique de l'hôpital de Lille, une touffe d'*Arum italicum* garnie de nombreux spadices, et, dès que les premiers entrèrent en paroxysme, je construisis un petit appareil, propre à mesurer à la fois la progression avec laquelle ils consomment l'oxygène, et la chaleur qui l'accompagne. Cet appareil, très-simple, se composait d'une petite cloche graduée et tubulée. Dans la tubulure était adapté un petit thermomètre gradué sur tige, à l'aide d'un bouchon exempt de pores, de telle façon que son réservoir cylindrique arrivât jusqu'à la partie moyenne de la cloche: ce réservoir était muni d'une petite gaîne de taffetas gommé criblée de petits pertuis, dans laquelle la partie renflée du spadice, supportée par une petite éprouvette que soutenait une soucoupe garnie d'eau, venait s'engager quand on le recouvrait de la cloche, préalablement enduite d'une solution de potasse concentrée.

Toutes les expériences ont été faites dans une chambre dont la température était maintenue entre 18° et 20°, et sur des sujets de 4 à 6 grammes, pris au moment où ils venaient d'entrer en paroxysme. A cet effet, aussitôt qu'un spadice commençait à montrer un degré de chaleur un peu supérieur à celui de l'air ambiant, il était cueilli, débarrassé de sa spathe, et sa hampe était enfouie dans du sable humide que contenait l'éprouvette, jusqu'à la naissance des organes sexuels femelles, et recouverte de la cloche, de manière à faire coïncider sa partie renflée avec le réservoir thermométrique. La température de l'air ambiant et celle du spadice étaient notées toutes les trente minutes, en même temps que la diminution de l'atmosphère de la cloche marquait l'oxygène consommé.

Je me contenterai de faire connaître les trois observations suivantes, prises parmi d'autres plus nombreuses et non moins concluantes.

N° 1, *7 juin, température* 18°.

HEURES DU PAROXYSME.	heur.	minut.	Température du spadice.	Chaleur moyenne.	Oxygène consommé.	VOLUME de l'oxygène consommé, l'organe étant 1.
1re heure. .	3 4	30 30	2° 5 3° 9	3° 2	39 cc.	11,1
2e id. . .	4 5	30 30	3° 9 6° 7	5° 3	57	16,2
3e id. . .	5 6	30 30	6° 7 8° 9	7° 8	75	21,4
4e id. . .	6 7	30 30	8° 9 7° 7	8° 3	100	28,5
5e id. . .	7 8	30 30	7° 7 4° 2	6° 0	50	14,2
6e id. . .	8 9	30 30	4° 2 1° 2	2° 7	20	5,7
Moyennes par heure de paroxysme . .				5° 5	56,8	16,1
Total de l'oxygène consommé pendant 6 heures de paroxysme.					341	Poids de l'organe, 3 gr. 5.
Oxygène consommé pendant les 18 heures suivantes.					184	
Total de l'oxygène consommé dans les 24 heures.					525	

N° 2, 8 juin, température 20°.

HEURES DU PAROXYSME.	heur.	minut.	Chaleur du spadice.	Chaleur moyenne.	Oxygène consommé.	VOLUME de l'oxygène consommé, l'organe étant 1.
1re heure.	2 3	30 30	2° 8 5° 6	4° 2	75 cc.	16,5
2e id.	3 4	30 30	5° 6 8° 8	7 2	95	21,1
3e id.	4 5	30 30	8° 8 10° 8	9° 8	125	27,7
4e id.	5 6	30 30	10° 8 6° 0	8° 4	85	18,9
5e id.	6 7	30 30	6° 0 3° 6	4° 8	55	12,2
6e id.	7 8	30 30	3° 6 1° 8	2° 7	25	5,5
Moyennes par heure de paroxysme.				6° 1	76,6	16,9
Total de l'oxygène consommé pendant 6 heures de paroxysme.					460	Poids de l'organe, 4 gr. 5.
Oxygène consommé pendant les 18 heures suivantes.					230	
Total de l'oxygène consommé dans les 24 heures.					690	

N° 3, 9 juin, température, 20°.

HEURES DU PAROXYSME.	heur.	minut.	Chaleur du spadice.	Chaleur moyenne.	Oxygène consommé.	VOLUME de l'oxygène consommé, l'organe étant 1.
1re heure.	4 5	0 0	2° 5 4° 5	3° 5	45 cc.	10
2e id.	5 6	0 0	4° 5 7° 7	6° 1	70	15,5
3e id.	6 7	0 0	7° 7 9° 5	8° 6	95	21,1
4e id.	7 8	0 0	9° 5 11° 5	10° 2	140	31,1
5e id.	8 9	0 0	11° 5 8° 5	9° 8	85	18,9
6e id.	9 10	0 0	8° 5 3° 0	5° 7	35	7,7
Moyennes par heure de paroxysme.				7° 3	78,3	17,3
Total de l'oxygène consommé pendant 6 heures de paroxysme.					470	Poids de l'organe, 4 gr. 5
Oxygène consommé pendant les 18 heures suivantes.					300	
Total de l'oxygène consommé dans les 24 heures.					770	

Dans chacun de ces trois exemples, quel que soit le point de vue d'après lequel la comparaison s'établisse, on trouve toujours que, pendant les heures où la chaleur s'est le plus élevée, l'oxygène disparu est aussi représenté par le chiffre le plus haut, de même que, comparé entre eux, c'est encore celui dont la chaleur moyenne a atteint le chiffre le plus fort qui a consommé la plus grande masse d'oxygène. On a, en effet, pour six heures de paroxysme :

N° 1.	Température	moyenne.	5°6.	Volume d'oxygène	consommé..	16,1.
N° 2.	Id.	id.	6°1	id.	id.	16,9.
N° 3.	Id.	id.	7°3.	id.	id.	17,3.

Je n'ai pas eu occasion de constater le retour du paroxysme pendant le jour dans le spadice de cette plante; il se peut qu'il soit très-peu marqué ou qu'il ait lieu la nuit. J'ajouterai que le maximun de chaleur, constaté dans les expériences qui viennent d'être relatées, ne représente pas, à beaucoup près, celui que peuvent atteindre certains spadices, car il m'est arrivé d'en rencontrer plusieurs qui marquaient 15° et même 17° centigrades au-dessus de l'air ambiant qui était à 20°.

Après ces recherches, il était intéressant de savoir s'il n'existait pas quelque cause organique à l'aide de laquelle on pût se rendre compte de l'action si facile de l'air atmosphérique sur le spadice de cette aroïdée. L'examen microscopique démontra, en effet, qu'il présente une surface absorbante beaucoup plus grande qu'on n'aurait pu le supposer, attendu que les cellules qui limitent sa surface sont autant de cônes qui font saillie au dehors : ce sont ces cellules ainsi allongées qui donnent à l'organe son aspect velouté. Mais ces cellules, bien que présentant la disposition des cellules épidermales de certaines fleurs veloutées, et offrant çà et là des stomates béants, ne constituent pas un véritable épiderme; elles forment, si je puis m'exprimer ainsi, un épiderme rudimentaire, car il manque de cuticule, sinon immédiatement à partir de la base de sa partie enflée, au moins dès son premier tiers jusqu'au sommet. D'après cela, il devient facile de comprendre comment il se fait, comme l'a remarqué M. A. Brongniart, que la chaleur est plus élevée dans cette partie que partout ailleurs, puisque l'action de l'air s'exerce sur un tissu presque dénudé, qui peut l'absorber sans obstacle.

On peut, par une expérience fort simple, confirmer que la disposition organique que je signale possède une influence bien marquée sur l'absorption. Cette expérience consiste à laisser la partie renflée du spadice perdre une partie de son eau de végétation, et à la plonger ensuite dans l'eau, en ayant soin de ne pas immerger la partie correspondante à la section; au bout de peu de temps, l'absorption compense, en grande partie, la perte qui avait été occasionnée par évaporation.

Si, d'autre part, on prend la hampe qui portait le spadice, qu'on l'expose à l'air pendant quelque temps de manière à lui faire perdre une partie de son poids, puis, qu'on l'immerge dans l'eau après avoir enduit les extrémités de cire afin d'empêcher l'absorption par ces points, il n'absorbe pas la moindre trace de ce liquide. Voici les résultats de cette expérience :

1° Hampe d'*Arum italicum*, 2 grammes, exposée à l'air 48 heures, se réduit à 1 gr. 6; immergée 48 heures, pèse 1 gr. 6.

2° Partie renflée du spadice, 2 gr., exposée à l'air 48 heures, se réduit à 0 gr. 5; immergée 6 heures, pèse 1 gr. 7.

Il résulte de ces données, que la chaleur qui se manifeste dans le spadice de l'*Arum italicum* croît avec la quantité d'oxygène que cet organe consomme dans un temps donné, et que l'intensité qu'elle acquiert s'explique par la composition organique qui vient d'être signalée.

MÉMOIRE

SUR UN PRINCIPE IMMÉDIAT NOUVEAU : LA CORYCOLURNINE.

NOUVELLE ANALYSE DU BERGENIN;

A l'époque où j'entrepris l'étude des laticifères, dans le but de rechercher leurs connexions avec les utricules (*Mémoire présenté à l'Académie des sciences, séance du 27 janvier* 1847), j'avais remarqué que les fibres libériennes du *Corylus colurna* et les cellules qui les accompagnent étaient emplies d'une matière granuleuse de couleur ambrée, sur laquelle l'eau était sans action, mais que l'alcool à 85° dissolvait avec facilité.

J'avais pris note de ce fait. Plus tard, j'examinai de nouveau l'écorce de cette plante, et je parvins à en extraire la substance nouvelle qui fait l'objet de ce mémoire.

Le *Corylus colurnu* présente plusieurs variétés : celle dont l'écorce a été soumise à l'analyse est un arbre de 10 à 15 mètres de hauteur, à tronc droit, ramifié au sommet ; ses fleurs mâles forment des chatons de 6 à 8 centimètres de longueur, et les feuilles, larges de 8 à 15 centimètres, sont irrégulièrement dentées. Les fruits ont un involucre qui les dépasse à peine en longueur, caractères qui me semblent propres à la variété *c. c. septoclamys*, de Spach.

L'écorce de cette plante est grisâtre, fendillée, même sur les jeunes branches où la couleur est un peu plus foncée que sur la tige. Cette écorce, nouvellement détachée, présente un tissu légèrement jaunâtre; placée sous la dent, elle imprime à la muqueuse de la bouche une astringence assez marquée, avec un sentiment d'amertume peu prononcé.

Broyée fraîche dans un mortier de verre, et soumise à l'action de l'alcool à 85° bouillant, elle abandonne à ce dissolvant : 1° du tannin, en petite quantité; 2° de la cire verte; 3° un principe immédiat particulier (*Corycolurnine*); 4° du sucre et d'autres matières incristallisables, que, en raison des difficultés qu'on éprouve toujours à les séparer, je n'ai pas essayé de déterminer. Après avoir filtré le soluté alcoolique et chassé le liquide par distillation, de manière à le concentrer jusqu'en consistance de sirop un peu épais, si on le laisse au repos jusqu'au lendemain, on le trouve composé de trois couches : l'une supérieure, mince, est formée de cire verte, semblable à celle que l'on obtient de la chlorophylle; la moyenne est liquide, visqueuse, et contient du tannin, du sucre, une substance amère; et la troisième, qui occupe le fond du vase, est formée par un dépôt granuleux, de couleur jaune, qui, examiné au microscope, se montre composé de petits rognons semblables, quant à la forme, à la fécule de pomme de terre, entremêlés de petits prismes quadrangulaires dont quelques-uns s'élargissent en tables. Ce dépôt, séparé et lavé à l'eau distillée, puis séché et repris par l'éther à 60°, à froid, cède une petite quantité de cire verte qui était retenue dans ses particules. La matière prend alors une teinte moins prononcée, ce qui semble indiquer que la teinte ambrée qu'elle conserve est due à des traces de cire verte qu'elle retient encore malgré l'action répétée de l'éther. Si, dans cet état, la matière est traitée par l'eau faiblement alcoolisée bouillante, elle se dissout en petite quantité, et se dépose, au refroidissement, sous l'apparence d'une poudre semblable à du soufre lavé. Mais, examinée au microscope, elle se montre parfaitement cristallisée sous les formes qui viennent d'être signalées lors de l'examen du dépôt formé dans l'extrait alcoolique. Pour extraire cette substance avec succès, il n'est pas indifférent d'employer l'écorce fraîche ou sèche, l'alcool à 85° ou l'alcool étendu; car, après dessiccation, son extraction devient difficile, et si, employée fraîche, on substitue l'alcool étendu à l'alcool à 85°, on obtient la substance unie à du tannin, altérée peut-être, et qu'il est impossible de faire cristalliser. D'ailleurs, à l'état de pureté, son ébullition dans l'eau, pendant un certain temps, la rend incristallisable, propriété qu'elle partage, du reste, avec un grand nombre de principes immédiats. Je ne sais si je me trompe, mais le fait de l'altération des matériaux immédiats des plantes, en présence de l'eau, surtout en ébullition plus ou moins prolongée, étant presque général, surtout dans ceux qui proviennent des végétaux herbacés, il serait bon, je crois, quand on veut se livrer à l'extraction ou à la recherche de ces matières, de faire choix de préférence de plantes fraîches, quand elles ne contiennent que peu d'eau de végétation, et de les en priver, en partie, lorsqu'elles en renferment beaucoup, par une dessiccation rapide, afin de prévenir, dans ce dernier cas, les altérations qu'une dessiccation lente pourrait amener, et de faire ensuite intervenir l'alcool comme dissolvant, ce liquide jouissant de la propriété de les dissoudre en grand nombre, et de s'opposer aux mouvements moléculaires que l'eau, comme menstrue, ou par la dissociation de ses éléments, favorise au contraire d'une manière si marquée.

Propriétés de la corycolurnine ; son analyse élémentaire.

La corycolurnine est de couleur légèrement ambrée, avec un reflet nacré assez brillant ; ses cristaux microscopiques, quoique plus pesants que l'eau, s'engeancent de manière à former des masses d'une très-grande légèreté : ce sont des prismes à quatre faces dont deux parallèles tendent à s'élargir et à les transformer en tables. Frottés entre les doigts, ils sont doux et soyeux; leur saveur est complètement nulle, l'eau froide est sans action sur eux, et l'eau bouillante en dissout 1/150, ou environ, et acquiert alors une saveur amère très-prononcée. Par le refroidissement une partie se cristallise, l'autre devient incristallisable en conservant une amertume très-intense. L'eau alcoolisée les dissout avec d'autant plus de facilité, qu'elle est plus riche en alcool. L'alcool à 85° les dissout abondamment; l'éther est sans action sur eux. Chauffés, ils se fondent à 200°, ou environ, en un liquide semblable à un vernis clair; brûlés sur une lame de platine, ils se consument avec facilité sans laisser de traces minérales. Mis en contact avec l'acide sulfurique concentré, étalé en couche mince sur une assiette, ils se dissolvent d'abord, en communiquant une teinte d'un beau jaune à l'acide, qui dépose bientôt une matière d'un beau jaune orange, très-distincte de la rutiline. L'ammoniaque liquide, la potasse, la soude en solution très-étendue, les dissolvent sur-le-champ. Les acétates neutre et tribasique de plomb précipitent leur solution aqueuse ou ammoniacale en un dépôt caillebotté d'un beau jaune, qui devient jaune orangé par dessiccation.

Ces caractères réunis différencient nettement la corycolurnine de la salicine et de la populine, dernière substance dont elle partage un peu l'insolubilité, mais dont elle se distingue franchement : 1° par sa saveur qui est amère et non sucrée ; 2° par son action sur les sels de plomb qu'elle précipite en jaune, et vis-à-vis desquels la populine est inerte; et enfin, par le dépôt orangé qu'elle forme avec l'acide sulfurique, dépôt qui est très-différent de la rutiline.

La corycolurnine, séchée à 120°, perd un vingtième de son poids d'eau. Séchée dans une atmosphère anhydre, et soumise à l'analyse dans l'appareil modifié par M. Millon, elle donne, savoir :

1° *Corycolurnine cristallisée,* 0 gr. 500 =

Acide carbonique... 0,920	= C.	0,25090	en centièmes	C.	50,18
Eau............ 0,230	= H.	0,02550		H.	5,11
Par différence...........	= O.	0,22360		O.	44,71
		0,50000			100,00

Deux autres analyses, faites par un procédé différent que je me propose de décrire, ont donné très-approximativement les mêmes résultats. Les voici :

2° *Corycolurnine cristallisée,* 0 gr. 100 =

Acide carbonique.. 0,1842	= C.	0,050236	en centièmes	C.	50,23
Eau............. 0,0465	= H.	0,005166		H.	5,16
Par différence............	= O.	0,044598		O.	44,61
		0,100000			100,00

3° *Corycolurnine cristallisée,* 0 gr. 100 =

Acide carbonique.. 0,1862	= C.	0,050781	en centièmes	C.	50,78
Eau.............. 0,0460	= H.	0,005111		H.	5,11
Par différence...........	= O.	0,044308		O	44,11
		0,100000			100,00

Les analyses n°s 2° et 3° ont été faites sur des quantités minimes de matière, et cependant on peut les regarder comme approchant beaucoup de la vérité, parce qu'elles ont pu être exécutées dans un appareil de petite dimension et dont les tubes, destinés à condenser l'eau et l'acide carbonique d'un poids très-réduit, laissaient tout son jeu à la balance, d'ailleurs très-sensible, dont je me servais. Cet appareil, très-portatif et facile à manier, se composait d'un petit tube de 20 centimètres de longueur sur 8 millimètres de largeur, effilé et fermé à l'une de ses extrémités. Ce tube était ensuite empli aux trois quarts de chromate plombique chauffé au rouge, et intimement mélangé après refroidissement avec la substance à brûler. Un peu d'amiante calcinée retenait au quart inférieur le mélange. Cette extrémité du tube était ensuite effilée à la lampe, et l'effilure engagée dans un petit bouchon vernissé à l'extérieur, et qui fermait l'orifice supérieur du tube plusieurs fois étranglé sur lequel il était placé, et contenant du chlorure de calcium granuleux très-fin. L'extrémité inférieure de ce tube recevait l'une des branches d'un tube de Liebig de petite dimension. Ces dispositions prises, le mélange contenu dans le tube à combustion était chauffé d'avant en arrière à l'aide d'une lampe à alcool à large flamme, jusqu'à cessation de dégagement de gaz. Cette simple flamme suffit à brûler complètement la matière organique. Ce petit appareil, outre la commodité qu'il présente dans son maniement, a encore l'avantage de permettre la graduation de la combustion. Il suffit, pour cela, d'approcher ou d'éloigner la lampe, suivant que l'on veut l'activer ou l'arrêter.

Un autre avantage encore, c'est qu'il permet d'apprécier la perte, s'il y en a eu pendant l'opération; toutes les parties peuvent être pesées avant et après l'expérience : de sorte que, si la perte éprouvée par le tube à combustion n'est pas exactement représentée par le gain de poids fait par les tubes à chlorure et de Liebig, il est aisé de conclure qu'il y a eu perte, ce qu'il n'est pas possible de constater d'une manière *certaine* dans les appareils ordinaires. Cependant, pour faire cette dernière appréciation, il ne faudrait pas, je crois, chauffer le tube jusqu'au rouge un peu vif, car alors le chromate pourrait perdre une petite quantité d'oxygène.

La corycolurnine, en agissant sur l'acétate neutre ou tribasique de plomb, donne naissance, dans les deux cas, à une combinaison identique, en proportions définies. Ce sel, que je suppose être tribasique, séché à 120°, est composé dans les rapports suivants :

Corycolurnate triplombique, 1,215 =

Oxyde plombique............	0,792	en centièmes	Pb O..	65,11
Corycolurnine............	0,423		Coryc.	34,89
				100,00

Et son analyse montre que, sous cet état, la corycolurnine a perdu 15,48 pour 100 d'eau, et se trouve avoir pour composition en centièmes :

C.	59,37
H.	4,01
O.	36,62
	100.00

Si on établit la proportion de la corycolurnine anhydre, du sel plombique supposé neutre, on obtient le chiffre de 747,26, nombre évidemment trop peu élevé. Mais si on réfléchit que toute la base de l'acétate tribasique se trouve déplacée par la corycolurnine en solution aqueuse ou ammoniacale, on incline plutôt à le calculer dans la supposition qu'elle est engagée dans une combinaison à trois équivalents de base.

D'après cette supposition, elle aurait pour nombre proportionnel 2241,78, ou mieux 2237,50, et pour formule :

$C^{18}\ H^{7}\ O^{8}$, qui, calculée, donne :

en centièmes.	C.	60.33		C.	59,37	
	H.	3,92	au lieu de	H.	4,01	trouvés.
	O.	35,75		O	36,62	
		100,00			100,00	

La formule de cette substance cristallisée serait $C^{18}, H^{7}, O^{8}, 2\ H\ O$. D'après cela la corycolurnine s'éloigne de la salicine, non-seulement par ses réactions chimiques, mais encore par sa composition. Mais si on la rapproche d'une substance déjà trouvée dans la classe des amentacées, dont la plante qui la fournit fait partie, on remarque que sa composition s'en rapproche beaucoup. Le jaune de quercitron ou acide quercitrique, fourni par le *Quercus tinctoria* de la tribu des quercinées, ne diffère de la corycolurnine, provenant des corylées, que par

3 pp. de carbone en moins. Quant à la bétuline, de la tribu des bétulacées, son nombre proportionnel n'est pas connu ; mais, quel qu'il soit, sa composition en centièmes montre que le carbone a encore augmenté dans ce produit, puisqu'il s'élève à 81, 30 pour 100.

Je terminerai cette Note par la rectification d'une erreur qui s'est glissée dans la composition du bergenin; erreur due à l'intercalation de chiffres appartenant à des opérations différentes.

1° *Bergenin cristallisé,* 0,500 =

Acide carbonique...	0,8600 C.	= 0,23454	en centièmes	C.	46,98
Eau...............	0,2500 H	= 0,02777		H.	5,55
Par différence....	O.	= 0,23769		O.	47,47
		0,50000			100,00

2° *Bergenin cristallisé,* 0,500 =

Acide carbonique ..	0,8700 = C.	0,23720	en centièmes	C.	47,44
Eau...............	0 2450 = H.	0,02722		H.	5,44
Par différence............	= O.	0,23558		O.	47,12
		0,50000			100,00

1° *Bergenate triplombique séché à* 120° = 1 gr. 410 =

Bergenin..............	0,585	en centièmes	Bergenin. ..	41,49
Oxyde plombique......	0,825		Pb O......	58,51
				100,00

2° *Bergenate triplombique séché à* 120° = 1 gr. 710 =

Bergenin..............	0,713	en centièmes	Bergenin...	41 69
Oxyde plombique......	0,997		Pb O......	58,31
				100,00

Le bergenin, dans cette combinaison, a perdu, après dessiccation à 120°, 14,94 pour 100 d'eau, et se trouve avoir la composition suivante, en centièmes :

C. 55,22
H. 4,57
O. 40,21

Et comme il est uni à trois équivalents de base, son nombre proportionnel se trouve être :

2987.50 savoir :	C. 22 pp.	=	1638,14	C. 1650,00
	H. 11 id.	=	135,57	H. 137,50
	O. 12 id.	=	1192 84	O. 1200,00
			2966,55 trouvé.	2987,50 calculé.

Cristallisé, il aurait pour formule :

$C^{22} H^{11} O^{12}, 2 H. O.$

www.ingramcontent.com/pod-product-compliance
Ingram Content Group UK Ltd.
Pitfield, Milton Keynes, MK11 3LW, UK
UKHW012113240726
13965UKWH00004B/1751

9 782013 046220